식물의 신기한 진화

이나가키 히데히로 지음
심수정 옮김

식물의
신기한
진화

나무가
풀이 되었다는 게
진짜일까?

북스토리

CONTENTS

첫 번째 이야기
속도전에서 이긴 건 누구? • 7

두 번째 이야기
공룡을 진화시킨 식물 • 19

세 번째 이야기
최고의 동료를 만드는 방법 • 31

네 번째 이야기
식물이 던진 도전장 • 39

다섯 번째 이야기
인류와 외떡잎식물의 만남 • 53

여섯 번째 이야기
정말로 강자만이 살아남을까? • 73

마지막 이야기
식물에게 중요한 것 • 85

맺음말 • 94

첫 번째 이야기

속도전에서 이긴 건 누구?

속도로 승부 낼 때 공격법

"자, 이제 시간이 없습니다. 경기 종료 전에 골을 넣을 수 있을까요?"

축구 경기는 시간이 정해져 있습니다. 경기 막바지에 접어들면 흥분과 긴장감이 극도로 커지죠.

축구에는 공격법이 아주 많아요. 공격할 준비를 한 뒤에 차근차근 나아가는 방법도 있고, 최전방으로 공을 멀리 찬 다음에 발 빠른 선수가 치고 나가는 방법도 있죠. 그렇다면 시간에 쫓길 때 효과적인 공격 방법은 무엇일까요?

대형을 짜서 나아가는 '포메이션 공격법'부터 볼까요? 이 방법은 상대에게 위압감을 주지만 선수들이 연계하며 움직여야 해서 공격 속도가 느려요.

공을 길게 넘겨 차는 '속공법'도 있습니다. 골로 연결될지는 알 수 없지만 속도만은 압도적으로 빨라요. 시간이 얼마 없고 한 방에 경기를 역전해야 할 때는 아무래도 속공법이 좋을 거예요.

까마득한 공룡 시대에 어떤 식물이 있었어요. 이 식물은 축구의 속공법 같은 작전으로 살아남으며 진화했지요. 지금도 존재하는 이 식물은 바로 '외떡잎식물'입니다. 여러분은 '외떡잎식물'이라는 단어를 들어본 적이 있나요? 속씨식물 중에서 싹이 틀 때 떡잎이 한 장 나오는 식물을 외떡잎식물이라고 해요. 속씨식물에 대해서는 뒤에서 다시 설명할게요.

외떡잎식물은 잎이 좀 특이해요. 자세히 보면 세로로 줄이 있지요. 이 줄은 물과 양분이 지나가는 관인 '잎맥'이에요. 외떡잎식물의 잎맥은 축구 선수가 공을 멀리 뻥 차듯

경기 막바지에는 공을 멀리 찬 뒤, 잽싸게 돌파하는 공격법이 효과적이다.

그물맥   나란히맥

벚꽃   나팔꽃   벼   백합

쌍떡잎식물   외떡잎식물

쭉쭉 뻗어 있습니다. 이런 모양의 잎맥을 '나란히맥'이라고
해요. 물과 양분을 잎끝까지 빠르게 보내는 데 집중한 구
조라고 할 수 있죠.

쌍떡잎식물은 잎맥이 어떻게 생겼을까요? 굵은 세로 잎
맥이 가운데로 나 있고 여기서 작은 잎맥들이 나와 가지
모양을 이루고 있어요. 이렇게 생긴 잎맥을 '그물맥'이라

고 해요. 물과 양분을 잎 구석구석까지 확실하게 보내는 구조이죠. 하지만 이 구조는 포메이션 공격법처럼 속도가 느립니다. 외떡잎식물이 속도를 중시한다는 사실은 이처럼 세로로 발달한 잎맥에서도 알 수 있답니다.

속도를 추구한 진화

다음 그림을 한눈에 봤을 때, A와 B 중 어느 쪽에 속도감이 있어 보이나요?

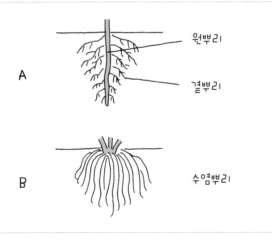

A와 B는 둘 다 식물 뿌리입니다. A는 '원뿌리'라고 하는 굵은 뿌리를 중심으로 가느다란 '곁뿌리'가 갈라져 나와 있지요. B는 뿌리 가닥이 세로로 잔뜩 뻗어 있습니다. A는 물과 양분을 땅속 곳곳에서 고루 빨아들일 수 있는 구조예요. 하지만 속도는 좀 더딜 겁니다. B는 일단 뻗고 보자는 식의 구조로 보여요. 물과 양분을 쭉쭉 빨아들일 수 있죠. 속도 감각은 B가 A보다 뛰어날 거예요.

B는 외떡잎식물의 뿌리입니다. 뿌리에서도 외떡잎식물이 얼마나 속도를 중요하게 여기는지를 알 수 있어요. A는 쌍떡잎식물의 뿌리예요. 쌍떡잎식물은 뿌리를 얼마나 고르게 잘 뻗는지를 속도보다 중요하게 여기죠. 흔히 거꾸로 알고 있지만, 실은 외떡잎식물이 쌍떡잎식물보다 더 진화한 식물이랍니다.

누군가에게 일을 부탁받는다고 생각해보세요. 어떤 일인지에 따라 "대충해도 되니까 빨리만 해"라고 할 때도 있고 "천천히 해도 좋으니 잘 좀 해줘"라고 할 때도 있을 거예요. 외떡잎식물은 일을 '대충-빨리' 하는 식물이고 쌍떡잎식물은 '천천히-잘' 하는 식물인 셈입니다.

속도 vs. 확실성

이번에도 그림을 함께 봐주세요.

앞서 '잎맥'이란 잎에서 물과 양분을 보내는 관이라고 소개했지요. 뿌리부터 잎까지 이어진 이들 관을 '관다발'이라고 해요. 잎맥은 잎 속을 지나는 관다발이죠. 그러면 줄기 속을 지나는 관다발은 어떻게 생겼을까요?

A와 B는 식물 줄기를 평면으로 자른 그림입니다. 관다발

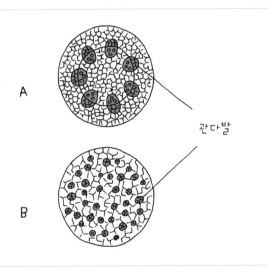

관다발

의 생김새가 좀 다르죠. 어느 쪽이 속도를 중시할까요?

A는 관다발이 가지런히 자리 잡고 있습니다. 이처럼 고리 모양으로 난 관다발 형태를 '부름켜(형성층)'라고 해요. 관다발이 고르게 나면 식물 몸 곳곳까지 물과 양분을 확실하게 보낼 수 있지요. 이와 달리 B는 부름켜도 없고 관다발이 제각각 흩어져 있어요. 일단 물만 보내면 된다는 '대충-빨리' 방식이 여기서도 보이죠. B가 외떡잎식물의 관다발입니다.

이파리 하나에 신비함이 가득

식물에서 처음 나오는 잎을 '떡잎'이라고 해요. 쌍떡잎식물은 떡잎이 2장 나와서 붙은 이름이에요. 외떡잎식물은 떡잎이 1장 나와서 붙은 이름이고요.

속도를 중시하는 외떡잎식물은 떡잎도 1장만 만듭니다. 하지만 떡잎 개수와 속도는 딱히 관련이 없어 보이기도 해요. 떡잎이 1장이면 어떤 점이 좋을까요?

사실을 말씀드리면 떡잎이 1장인 식물이 2장인 식물보

다 속도 면에서 얼마나 유리한지는 모른다고 해요. 아니, 그런 것도 모르냐고 할 수도 있겠지만 모르는 게 사실인걸요. 혹시 좀 실망했나요? 아니면 오히려 흥미가 생겼나요?

학교에서 교과서를 배우다 보면 인류에게 미지의 영역이 더는 없는 것처럼 느껴져요. 교과서라는 책에는 여러 연구로 확인된 '사실'만 쓰여 있기 때문이에요. 밝히지 못한 것들은 나오지 않아요.

하지만 세상은 여전히 신비로운 곳이에요. 우리가 모르는 것이 너무나 많죠. 외떡잎식물이 떡잎을 왜 1장만 내는지 모르는 것처럼, 작은 잎사귀 하나에도 풀리지 않은 수수께끼가 가득하지요. 현대처럼 과학이 발달한 시대에도 인류는 잎새 하나조차 만들어내지 못합니다.

그러면 외떡잎식물이 왜 속도를 중시하면서 진화했는지는 밝혀졌을까요? 사실 그 이유도 잘 모릅니다. 불규칙하게 바뀌는 환경에 적응하기 위해서라고 추측할 뿐이에요.

환경이 안정적이라면 천천히 자라도 돼요. 하지만 홍수나 산사태가 일어나는 곳에서는 느긋하게 시간을 보내기 힘들겠죠. 어서 꽃을 피우고 씨앗을 만들어야 하니까요.

속도를 중시하는 외떡잎식물은 성장이 빠른 '풀' 종류가 대부분이에요. 커다란 나무로 자라는 일은 거의 없죠. 실은 '풀'이야말로 빨리 성장하는 쪽으로 진화한 형태의 식물이랍니다.

쌍떡잎식물에도 풀로 진화한 식물이 있어요. 그래서 쌍떡잎식물에는 나무도 있고 풀도 있습니다.

두 번째 이야기

공룡을 진화시킨 식물

회전 초밥과 회전하지 않는 초밥의 등장

식물은 줄기가 단단하고 큰 '나무'와 줄기가 부드럽고 작은 '풀'로 나뉘어요. 크게 자란다는 점에서 나무가 더 진화한 형태 같지만 실은 그 반대예요. 풀이 나무보다 더 진화한 식물이지요.

물론 식물이 처음부터 커다란 나무로 태어난 것은 아닙니다. 식물은 물속을 떠다니는 식물 플랑크톤에서 태어났고 차츰 해조나 수초로 진화했어요. 땅 위에 진출한 뒤에도 이끼처럼 물가에서 살아야 하는 약한 생명체였지요. 그러다 본격적으로 육지에 진출하면서 빛을 더 많이 받기 위해 드높이 자라기 시작했어요. 고사리 같은 양치식물로 진화하는 과정에서 식물은 거대한 나무가 되었고 곳곳에 숲을 이루었답니다.

앞서 소개했듯, 그 자체로 진화형인 외떡잎식물은 '풀'이라는 새로운 유형으로 진화를 거듭합니다. 외떡잎식물은 거의 다 풀이에요. 여러 면에서 우수한 '풀'의 등장이 식물의 진화를 앞당긴 걸까요? 쌍떡잎식물에도 나무 대신 풀로 진화하는 종류가 잇달아 나타납니다. 쌍떡잎식물은 나무와 풀로 나뉘죠.

설명이 좀 어려운가요? 그럼 이렇게 생각해볼까요.

초밥을 사람 손으로 만들던 시절, 어떤 초밥집에서 새로운 방식으로 초밥을 만들기 시작했어요. 로봇이 밥 모양을 잡고 아르바이트생이 생선을 올려 초밥을 만든 거죠. 이로써 값도 싸고 속도도 빠른 '회전 초밥' 가게가 태어납니다.

다른 초밥집들은 기존 방식대로 초밥을 만들었고, 이러한 초밥을 '회전 초밥'과 구별하고자 '회전하지 않는 초밥'

이라고 일컫게 되었어요. 이전에 없던 유형인 외떡잎식물이 새로 생겨나면서 식물을 쌍떡잎식물과 외떡잎식물로 가르기 시작했듯이.

얼마 뒤 '회전하지 않는 초밥' 가게에도 변화가 일어났어요. 고급 수제 초밥 대신 저렴하고 빨리 먹을 수 있는 초밥을 만들어보기로 한 것이죠. 곧 로봇과 아르바이트생이 초밥을 만드는 패밀리 레스토랑 같은 초밥집이 등장합니다. 이런 가게들이 풀 종류로 탄생한 쌍떡잎식물인 셈이죠. 이해가 좀 되었나요? 도리어 어렵지는 않았나 모르겠네요.

그나저나 복잡한 나무에서 단순한 풀이 태어났는데 어떻게 '진화'냐고요? 맞아요, 오히려 '퇴화'한 것처럼 보이기도 하죠. 하지만 크고 복잡해지는 것만이 진화는 아니에요. 작고 단순해지는 진화도 있답니다.

뱀으로 예를 들어볼까요? 본디 뱀은 네 다리로 걷는 동물이었지만 좁은 곳이나 흙 속을 자유롭게 다니려고 다리를 없앴어요. 이것도 진화예요. 인간의 조상이 원숭이였다는 설이 있듯, 오래전 사람 몸에는 꼬리가 있었어요. 하지만 쓰임새가 적어 점차 사라졌지요. 이 또한 진화랍니다.

트리케라톱스의 탄생

여러분은 '트리케라톱스'라는 공룡을 알고 있나요? 이 공룡은 소나 코뿔소처럼 생겼고 땅에 낮게 자라는 풀을 뜯어 먹으며 살았어요. 공룡 시대 후반인 백악기에 처음 나타났지요. 이 트리케라톱스류 공룡이 등장하도록 이끈 생명체가 바로 풀이랍니다. 앞서 얘기했듯 이 풀들은 외떡잎식물이고요.

풀이 나타나기 전, 식물은 아주 크고 높이 자랐고 숲을 이루고 있었어요. 그래서 나뭇잎을 먹고 사는 초식동물은 목이 길게 발달했지요. 당시에는 목이 길고 덩치가 어마어마한 공룡이 많이 살았어요.

얼마 뒤 외떡잎식물인 풀이 등장하자, 키 작은 풀을 뜯어 먹기 좋도록 목이 짧은 공룡이 여럿 나타났어요. 그 대표 공룡이 트리케라톱스지요.

다시 말하자면, 외떡잎식물인 풀은 쌍떡잎식물인 나무에서 진화했어요. 풀과 나무는 겉만 보면 완전히 다른 식물이죠. 외떡잎식물은 식물이 해낸 이른바 '대발명'이에

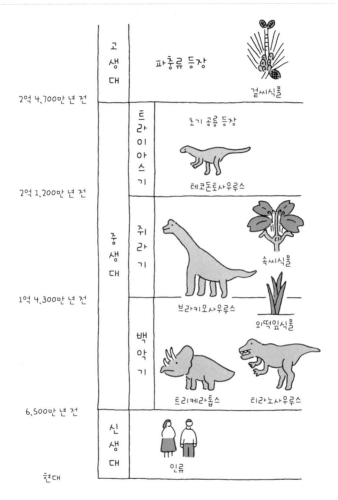

고생대		파충류 등장	겉씨식물
2억 4,700만 년 전	트라이아스기	초기 공룡 등장 테코돈토사우루스	
2억 1,200만 년 전	쥐라기	브라키오사우루스	속씨식물
1억 4,300만 년 전	백악기	트리케라톱스 티라노사우루스	외떡잎식물
6,500만 년 전	신생대	인류	
현대			

식물의 진화는 공룡 진화에 영향을 끼쳤다.

요. 이 발명은 공룡의 진화에도 영향을 미칠 만큼 엄청난 사건이었답니다.

진화에 속도가 붙다

식물의 진화 과정에서 외떡잎식물은 혁신 그 자체였어요. 외떡잎식물이 등장하기 전에 식물은 어떻게 진화했을까요?

다시 공룡 시대로 돌아가 보죠. 공룡 시대는 중생대 쥐라기와 그다음 시기인 백악기를 말해요. 티라노사우루스와 트리케라톱스 같은 진화형 공룡이 백악기에 등장했지요. 외떡잎식물도 백악기에 처음 나타났다고 해요. 백악기 전인 쥐라기 때, 식물의 진화를 앞당긴 획기적인 사건이 일어났어요. 겉씨식물에서 진화한 '속씨식물'의 탄생이지요.

겉씨식물과 속씨식물은 '겉'과 '속'이라는 첫 글자만 달라요. 겉씨식물은 '나자식물裸子植物', 속씨식물은 '피자식물被子植物'이라고도 해요.

첫 글자만 잠깐 살펴볼까요? 나裸에는 알몸이라는 뜻이

있고 피被에는 옷을 입고 있다는 뜻이 있어요. 한 글자만 다른데 정반대 의미가 되죠.

과학 교과서를 보면 '겉씨식물은 밑씨가 겉으로 드러난 식물' '속씨식물은 밑씨가 씨방 속에 감춰진 식물'이라고 나와 있어요. 겉씨식물은 밑씨가 드러나 있어서 '나자식물', 속씨식물은 밑씨를 씨방이 감싸고 있어서 '피자식물'이라고 하게 된 거죠.

밑씨가 드러나 있는지 속에 있는지가 왜 중요할까요? 씨방 속에 밑씨를 넣어 지키는 구조가 생기면서 식물이 더 빨리 진화하게 되었기 때문이에요.

패스트푸드가 빨리 나오는 이유

햄버거 가게에서 주문을 하면 햄버거가 금세 나옵니다. 국밥집에 가도 주문하자마자 뜨끈한 국밥이 나오지요. 이런 곳에서는 미리 조리를 해두기 때문에 손님이 오면 바로 음식을 낼 수 있어요.

반면 고급 식당 중에는 손님이 주문하면 그때부터 재료

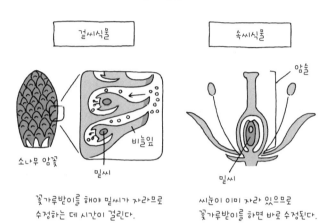

꽃의 단면도

겉씨식물

속씨식물

소나무 암꽃

비늘잎

밑씨

암술

밑씨

꽃가루받이를 해야 밑씨가 자라므로
수정하는 데 시간이 걸린다.

씨눈이 이미 자라 있으므로
꽃가루받이를 하면 바로 수정된다.

정받이 준비의 차이

손질을 시작하는 곳도 있습니다. 이런 가게에서는 주문한
음식이 나오려면 시간이 제법 걸려요.

속씨식물은 햄버거 가게나 국밥집과 비슷한 구조로 이
루어져 있어요. 속도 면에서 놀랄 만큼 획기적인 시스템이
지요.

'밑씨'는 자라서 씨가 되는 아주 중요한 기관이에요. 겉씨식물은 밑씨가 겉에 드러나 있죠. 그렇다고 밑씨가 비바람 속에서 자라는 건 아니에요. 씨를 만들기 위해서 수술에서 만든 꽃가루를 암술로 옮기는 꽃가루받이를 해야 밑씨가 자라고 정받이^{수정} 준비를 하죠. 주문이 들어와야 조리를 시작하는 고급 음식점처럼 시간은 좀 걸립니다.

반면 속씨식물은 밑씨가 씨방에 감싸여 있어요. 나중에 싹이 되는 '씨눈(배)'을 자란 상태로 뒀다가 꽃가루받이를 하면 바로 수정해서 씨를 만듭니다. 빠르기가 패스트푸드점 못지않지요.

겉씨식물은 꽃가루받이부터 수정까지 몇 개월에서 1년이 넘게 걸리지만 속씨식물은 아무리 늦어도 며칠, 빠르면 몇 시간 안에 끝나요. 정말 빠르죠?

수정을 마친 속씨식물은 이제 씨를 만들어 세대교체를 준비해요. 생물은 부모에서 자식, 자식에서 손주로 세대를 교체하면서 진화해나가요. 단기간에 세대교체를 마치면 그만큼 진화가 빨리 이루어지겠죠. 세대교체 속도가 빨라지면서 식물은 그만큼 더 빨리 진화할 수 있게 되었습니다.

점점 빨라지는 속도

식물의 진화 속도는 더욱더 빨라집니다. 이번에는 '꽃'에서요. 꽃은 식물이 진화하면서 가장 공을 들인 부분이에요. 생김새도 빛깔도 참 고운 기관이죠. 어여쁜 꽃에는 곤충이 잔뜩 모여들어요. 곤충들은 꽃가루를 여기저기로 나르는 역할을 해줍니다.

겉씨식물은 수정을 할 때 꽃가루를 바람에 실어 보내요. 곤충 눈에 들도록 꽃을 화려하게 만들 필요가 없지요. 하지만 바람은 꽃가루를 아무 데나 뿌리므로 이 방법으로는 꽃가루받이가 잘되지 않아요.

한편 곤충이 꽃가루를 옮겨주면 꽃가루받이 확률이 쑥 올라갑니다. 그래서 식물은 곤충을 모으려고 꽃을 예쁘게 피우는 쪽으로 진화했어요. 또 여럿이 한데 모여 꽃을 피우기 시작했지요. 백악기에 살았던 초식공룡 트리케라톱스는 이들 식물과 꽃을 먹은 것으로 보입니다.

세 번째 이야기

최고의 동료를 만드는 방법

식물과 동반자

세상을 살다 보면 어떤 일을 혼자 해내야 할 때도 있지만 누군가와 힘을 합쳐야 할 때도 있어요.

식물도 마찬가지예요. 제각기 살아가는 듯하지만 실은 다양한 생명체와 도움을 주고받고 있어요. 식물은 곤충에게 꽃꿀을 주고 곤충은 꽃가루를 옮겨주는 식으로요. 상부상조 그 자체죠. 이토록 멋진 '동반자 관계'는 어떤 과정으로 만들어졌을까요?

첫 만남은 최악!

친구를 처음 사귈 때는 누구나 서투르기 마련이지요. 식물과 곤충도 그랬답니다. 진화 과정에서 처음 만났을 때는 딱히 좋은 사이가 아니었어요.

속씨식물은 공룡 시대 후반에 나타났어요. 초기 속씨식물은 겉씨식물처럼 꽃가루를 바람에 실어 보냈을 거라고 해요. 당시 곤충들은 꽃가루를 먹으려고 꽃을 찾곤 했어요. 식물에게 곤충은 곧 '천적'이었던 셈이지요.

그러던 어느 날, 한 곤충이 꽃가루를 먹다가 몸에 묻혔어요. 이 곤충이 자리를 옮기자 딸려간 꽃가루가 다른 꽃의 암술에 묻었죠. 본의 아니게 꽃가루를 옮겨준 거예요.

바람과 곤충을 비교해보죠. 바람은 꽃가루를 싣고 가지만 이 꽃가루가 어디로 갈지는 아무도 모릅니다. 다른 꽃에 보내려면 꽃가루가 아주 많이 필요하지요. 반면 곤충은 꽃에서 꽃으로 알아서 옮겨 다닙니다. 꽃가루를 보낼 때 곤충이 옮겨주는 것만큼 확실한 방법이 있을까요? 곤충이 조금쯤 먹더라도 바람에 보낼 때보다는 꽃가루도 덜 들어

갈 테고요.

아마도 식물에게 곤충에 관해 물으면 이렇게 답하지 않을까요?

"첫인상은 별로였는데 지내다 보니 아주 든든하더라고요."

식물은 인간보다도 지혜롭게 진화해왔지만 그 과정에는 우연의 힘이 컸어요. 어떤 식물이 운이 좋게도 곤충 몸에 잘 묻는 꽃가루를 만들었고, 꽃가루받이에 성공하면서 전보다 많은 씨를 만들었어요. 이 식물의 자손이 다시 곤충 몸에 잘 묻는 꽃가루를 만들고 더 많은 후손을 남깁니다. 이처럼 '곤충 몸에 잘 묻는 꽃가루를 만든' 꽃이 자연에 선택되면서 꽃은 곤충에게 쉽게 달라붙도록 꽃가루 형태를 바꿔나가요. 또 어여쁜 꽃잎으로 모습을 꾸미거나 달콤한 꽃꿀을 만들어 '곤충에 더 매력적으로 보이도록' 진화해나갑니다.

식물의 첫사랑 상대

여기서 문제. 생물 진화사에서 꽃가루를 처음 옮긴 곤충은 무엇일까요?

정답은 '풍뎅이류'입니다. 혹시 벌이나 나비라고 생각하지는 않았나요? 벌과 나비는 꽃꿀을 잘 빠는 쪽으로 진화한 곤충이에요. 곤충들이 꽃가루를 옮기기 시작할 무렵, 벌과 나비는 아직 지구에 등장하지 않았답니다. 또 벌과 나비는 꽃에서 꽃으로 자유자재로 날아다니지만 풍뎅이는 그렇게 하지 못해요.

첫사랑이 대개 잘 이루어지지 않듯, 꽃과 풍뎅이 사이도 처음에는 아주 어색했어요. 풍뎅이는 꽃을 세심하게 살필 만큼 영리한 곤충이 아니에요. 꽃잎에 털썩 내려앉아서는 마구잡이로 꽃가루를 먹어치우죠. 꽃 속을 헤집으며 배를 채우면 그제야 어설픈 몸짓으로 날아갑니다.

하지만 어떤 꽃들은 지금도 풍뎅이류 곤충에게 꽃가루 배달을 맡겨요. 봄에 피는 목련꽃이 대표적이죠. 원시 식물의 특징이 남아 있는 목련꽃은 구조가 단순하고 튼튼해서 풍뎅이가 마구 날뛰어도 끄떡하지 않아요.

이처럼 식물은 곤충 덕분에 꽃가루를 옮길 수 있게 되었습니다. 그런데 상부상조하는 사이에서 한쪽만 손해를 보면 관계가 오래가지 못해요. 양쪽 모두에 이득이 있어야 하지요. 이런 면에서 식물이 곤충에게 보상을 주고, 보상을 받은 곤충이 꽃가루를 옮겨주는 구조는 아주 잘 만들어졌다고 할 수 있어요.

혹시 기억하나요? 식물이 곤충과 친해지기 전에 맨 먼저 한 일이 무엇인지를요. 바로 소중한 꽃가루를 '베푸는' 것이었어요. 식물은 상대에게 먼저 베푼 덕분에, 꽃가루를 노리고 온 '천적' 곤충까지도 동료로 삼으며 돈독한 사이가 되었습니다.

네 번째 이야기

식물이 던진 도전장

식물로 살아가기도 쉬운 일은 아니에요. 하지만 식물들은 문제가 생길 때마다 진화라는 멋진 작전으로 극복해왔죠. 이제부터 어떤 작전을 썼는지 함께 살펴볼게요. 만일 여러분이라면 어려움을 어떻게 헤쳐나갈지도 생각해보세요.

오래전, 곤충은 꽃가루를 먹으며 살았어요. 귀중한 꽃가루를 지켜야 했던 식물은 곤충에게 꽃가루 대신 달콤한 꿀을 만들어 내주었지요. 그러자 꿀을 먹는 벌이나 나비 같은 곤충이 세상에 나타났어요.

곤충 중에는 꽃가루를 척척 날라주는 곤충과 그렇지 못

한 곤충이 있어요. 어렵사리 준비한 꿀을 내주는 식물로서는 기왕이면 꽃가루를 확실하게 날라다 주는 곤충을 부르고 싶겠지요?

자, 여기서 첫 번째 문제. 어떻게 하면 꽃가루를 제대로 운반해주는 곤충에게만 꿀을 줄 수 있을까요? 참고로 '꽃가루 배달 전문 곤충'으로는 '벌'이 있어요. 질문을 조금 바꿔볼게요. 어떻게 하면 오로지 벌들에게만 꿀을 줄 수 있을까요?

동료 고르기

모둠 활동을 한다고 칩시다. 구성원을 어떻게 모아야 할까요? 운동회에 나갈 이어달리기 팀이라면 달리기가 빠른 친구가 좋겠죠. 체력 평가에서 50m를 몇 초에 뛰었는지 보면 달리기를 잘하는 사람을 고를 수 있을 거예요. 반별 음악회에 나간다면 악기 연주와 노래 실력이 뛰어난 사람을 고르면 되겠지요. 이처럼 시험을 해보면 각자의 실력을 알 수 있습니다.

식물도 꽃에 찾아온 곤충을 시험해요. 과제를 통과해야만 꿀을 주지요. 하지만 움직이지 못하는 식물이 어떻게 곤충을 시험하고 선택할 수 있을까요?

먼저, 식물은 꽃 구조를 복잡하게 만듭니다. 가장 안쪽에는 꿀주머니를 꼭꼭 숨겨두고요. 탈출 게임이나 미로 장치처럼 생긴 꽃 속에서 제대로 길을 찾은 곤충만이 꿀을 맛볼 수 있도록 말이죠. 그나저나 이게 정말로 가능한 일일까요?

우리가 흔히 보는 들꽃 가운데 제비꽃이 있습니다. 이 꽃은 동료로 벌을 골랐어요. 제비꽃을 자세히 보면 아래 꽃잎에 하얀 무늬가 있어요. 이 무늬는 '멈춤! 여기 꿀 있음'이라는 표시예요. 이 표시를 본 벌은 아래쪽 꽃잎에 내려앉아요. 그러면 꿀이 있는 꽃 안으로 들어가는 길이 나타나지요. 단순한 장치 같지만 곤충에게는 그렇지 않아요. 위쪽 꽃잎에 앉으면 아무리 헤매도 꿀주머니로 가는 길은 찾지 못하거든요.

등에 얘기도 해볼까요? 등에는 민들레를 즐겨 찾는 곤충이에요. 오래 날지 못해서 벌처럼 꽃가루를 멀리 운반하지

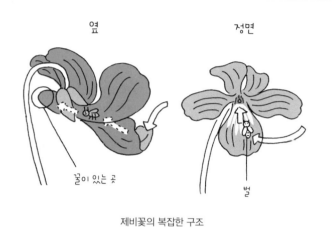

제비꽃의 복잡한 구조

못하죠. 민들레는 등에에게 꿀을 내주지 않습니다.

등에는 제비꽃에 올 때도 민들레꽃에 날아올 때처럼 위쪽 꽃잎에 앉아요. 이리저리 다니며 꽃 입구를 열심히 찾아보지만 이내 포기하고는 날아가 버립니다.

꿀주머니로 가는 첫 번째 관문인 '암호'를 푼 벌에게는 다음 시험이 기다리고 있어요. 가늘고 길게 난 통로를 끝까지 파고 들어가야 하지요. 그림에서 보는 것처럼, 제비꽃은 꽃 뒷면 중심과 꽃대 끝이 맞붙은 곳에 무게중심을 두면서 꽃을 수평으로 피워요. 꿀은 꽃송이 가장 안쪽에 숨어 있습니다.

제비꽃 입구에서 꿀로 가는 길은 깊고 좁아서 돌아 나올 수가 없어요. 보통 곤충은 좁다란 통로로 파고들었다가 뒷걸음으로 잘 나오지 못하지만, 벌은 이런 과정을 아주 쉽게 해내요. 이처럼 제비꽃은 비밀 암호를 묻는 지능 시험과 꽃 속 통로를 지나는 체력 시험을 모두 통과한 곤충에게만 꿀을 준답니다.

참, 꿀주머니로 가는 길목에는 수술과 암술이 숨어 있어요. 곤충이 이곳을 지나면 뒷등에 꽃가루가 묻을 거예요. 등에 묻히면 털지 못하니 꽃가루를 담뿍 묻혀 보낼 수 있답니다. 어쩜 이렇게 영리할까요?

제비꽃은 아주 오래전에 꽃가루 배달부로 벌을 골랐어요. 그때부터 벌만이 자기 꿀을 먹을 수 있도록 꽃 구조를 바꿔 왔을 겁니다. 벌이 시험을 통과하면 다른 곤충도 통과할까 싶어 시험 문제를 더 어렵게 만들었을 테고요. 벌도 진화하면서 새로운 문제를 척척 풀어냈겠죠? 문제를 내는 제비꽃과 문제를 푸는 벌이 서로 진화를 거듭한 결과, 제비꽃은 지금처럼 벌에만 꿀을 내주는 복잡한 구조를 갖추게 되었어요. 이처럼 둘 이상의 생물이 서로 영향을 주고받으며 진화하는 현상을 '공진화'라고 해요.

자연에는 복잡하고 신기하게 생긴 꽃이 몇몇 있는데 이중에는 제비꽃 같은 과정으로 진화한 꽃도 제법 많답니다.

식물 뜻대로 움직이는 벌

제비꽃에게 선택받은 자, 벌은 아주 영리한 곤충이에요. 꿀벌을 예로 들어볼까요. 꿀벌은 여왕벌을 중심으로 대가족을 이루어 살아요. 일벌은 부지런히 돌아다니며 자기 몫은 물론 가족이 먹을 꿀을 모아 옵니다. 벌들이 많이 오가면 그만큼 꽃가루도 널리 퍼지니 식물에게도 반가운 일이지요.

벌이 뛰어난 부분은 또 있어요. 바로 같은 종류의 꽃을 찾아다닐 수 있다는 점이에요. 아무리 꽃가루를 열심히 날라주어도 종류가 다른 꽃에 옮기면 식물은 씨를 만들 수 없어요. 제비꽃은 다른 제비꽃과 꽃가루를 주고받아야 씨를 만들 수 있거든요.

아주 고맙게도, 제비꽃을 찾아온 벌은 다른 제비꽃으로 날아가요. 꽃가루도 정확히 제비꽃에 전달되지요. 벌이 꽃을 배려해서 이러는 건 아니에요. 식물이 초능력으로 벌을 조종하는 건 더더욱 아니지요. 벌은 언제든지 가까운 곳에 핀 다른 꽃으로 날아갈 수 있어요. 벌이 같은 종류의 꽃을 오가는 건 순전히 벌 마음입니다.

두 번째 문제입니다. 식물은 어떤 작전을 써서 자기 뜻대로 벌을 오가게 했을까요?

집에서 멀어도 시험을 쳐보고 싶은 학교

정답부터 공개하자면, 이번에도 식물은 꽃을 복잡하게 만들어 벌을 조종했어요. 대체 어떻게 했을까요?

매번 시험 문제를 다르게 내는 선생님과 똑같이 내는 선생님이 있습니다. 어느 선생님이 낸 문제가 쉬울까요? 이렇게도 생각해보죠. 어떤 학교에서는 입학시험 문제를 해마다 똑같이 낸다고 해요. 어때요, 시험을 쳐보고 싶지 않은가요?

벌도 마찬가지예요. 제비꽃에서 꿀을 간신히 얻었는데 다른 꽃이 낸 문제를 처음부터 풀기는 싫겠죠. 문제를 푼다고 해서 반드시 꿀이 있으리라는 보장도 없고요. 하지만 제비꽃에 가면 꿀이 확실히 있어요. 게다가 꿀을 얻을 방법도 이미 알고 있죠. 그래서 한번 제비꽃에서 꿀을 얻은 벌은 다음에도 제비꽃을 찾아갑니다. 벌은 영리해서 같은 종류의 꽃만 찾아다닐 수 있어요. 식물은 벌의 이런 능력을 이용한 것이죠.

자연에서는 모든 생명체가 자기중심으로 살아갑니다. 나만 좋으면 그만이라는 식이랄까요? 아무도 다른 생물을 위해 참거나 배려하지 않아요. 그런데 다들 자기 마음대로 행동한 결과, 모두가 나름대로 이득을 보며 살아가고 있지요.

물론 다른 생물을 속여 이득을 보는 생물도 가끔 있어요. 하지만 그렇게 이득을 보는 건 한순간일 뿐, 기나긴 진화사 속에서 결국 그 곤충들은 사라져갔습니다. 결론적으로 '내게도 좋고 모두에게 좋은' 관계를 맺은 생물만이 지금까지 살아남았다고 볼 수 있지요.

식물도 어려웠던 문제

어떤 식물이 꽃꿀을 듬뿍 마련해 곤충들을 불러 모았어요. 하지만 아직 성공한 게 아니에요. 본격적인 꽃가루받이는 이제부터가 시작이니까요.

식물은 꽃가루를 옮기게 하려고 곤충을 꽃으로 부릅니다. 곤충이 찾아오면 꽃가루를 묻히고 다른 꽃에 보내야 번식을 할 수 있지요. 꿀도 준비하지만 자칫 꿀이 너무 많으면 곤충이 눌러앉아 꿀만 먹는 사태가 일어날 수 있어요. 와준 건 고맙지만 일단 왔으면 빨리 떠나기를 식물은 애타게 바라는데 말이죠.

그러면 마지막 문제를 내겠습니다. 어떻게 해야 곤충이 꽃에 들렀다가 바로 떠날까요? 여러분의 작전은 무엇인가요?

앞에서 얘기했듯, 식물 세계에는 밝혀지지 않은 것이 많아요. 아쉽게도 마지막 문제 또한 아직 풀지 못했지요. 다만 추측은 할 수 있답니다.

한 가설에 따르면 식물은 꽃에 든 꿀의 양을 달리한다고 해요. 같은 종류의 꽃인데 어떤 꽃송이에는 꿀이 가득하고 어떤 꽃송이에는 조금 들어 있는 것이죠.

여기 맛있기로 소문난 체인점이 있습니다. 전국 매장 어디서 먹어도 똑같이 맛있다면 한 군데만 들러도 되겠죠. 그런데 매장마다 맛이 조금씩 다르다면 어떨까요? 아마도 이곳저곳 다니며 먹어보고 싶어질 겁니다.

이번에는 상자 칸칸이 담긴 초콜릿을 떠올려보세요. 누구나 좋아하는 맛 초콜릿이 있을 겁니다. 그 초콜릿이 어떤 모양인지 안다면 그것만 골라 먹으면 되겠죠. 아직 맛을 전혀 모른다면 어떻게 해야 좋을까요? 우연히 집은 하나가 맛있더라도 다른 걸 먹어보지 않으면 먼저 먹은 초콜릿이 맛있는지 어떤지 알 수가 없지요. 이런 식으로 먹다 보면 어느새 상자가 텅 비어버릴 거예요.

식물은 같은 종류라도 꽃에 따라 꿀 양이 달라요. 찾아간 꽃에 꿀이 적으면 곤충은 다른 꽃으로 옮겨갑니다. 처음 간 꽃에 꿀이 많더라도 많은지 아닌지를 알려면 다른 꽃에 가봐야 하지요. 결국 꿀이 많든 적든 다음 꽃에는 꿀이 더 많기를 바라며 계속 이동하게 되죠.

이처럼 식물은 꿀 양을 달리하는 방법으로 곤충을 꽃에

서 꽃으로 옮겨가게 합니다. 하지만 이 작전은 말처럼 간단하지 않아요. 찾아간 꽃마다 하필 꿀이 적으면 곤충은 아예 다른 꽃을 찾아 떠날 테니까요.

꽃꿀 양을 조절해서 곤충을 불러 모으거나 찾아온 곤충을 떠나게 하는 일은 생각보다 훨씬 어려워요. 그런데 이 까다로운 일을 식물은 결국 해냈다는 사실! 정말 놀랍지 않나요?

다섯 번째 이야기

인류와 외떡잎식물의 만남

기술 혁신은 우리가 상상하지 못한 방식으로 세상을 바꿉니다. 18세기 영국에서 일어난 '산업혁명'은 그간 수작업으로 이뤄지던 제조 산업을 기계 중심으로 바꿨어요. 기계로 자동차가 대량 생산되어 마차를 대체하는 등 놀라운 변혁이 일어났죠. 현대 사회에서는 컴퓨터, 스마트폰, 인공지능 개발을 기술 혁신으로 꼽을 수 있어요.

식물 얘기로 돌아갈게요. 식물이 이뤄낸 주요 기술 혁신 가운데 하나는 겉씨식물에서 속씨식물로 진화한 사실입니다. 속씨식물이 탄생하면서 꽃도 다양하게 발달했지요. 식물은 진화와 혁신을 거듭하다가 이윽고 외떡잎식물을 탄생시켜요.

6,500만 년 전에 공룡이 자취를 감추고부터 한참 시간이 지난 700만 년 전에 일어난 일이에요. 지구에 생명체가 나타난 이래, 가장 세고도 무시무시한 생물이 등장합니다. 이 생물은 과연 무엇일까요?

지구에 나타난 위험한 생물

지구 역사상 가장 세고 무시무시한 생물은 다름 아닌 '인류'예요. 뒷날 인류는 지구 환경을 뒤바꾸고 다른 생물을 손쉽게 멸종시킬 만큼 어마어마한 존재로 성장하지요. 하지만 700만 년 전, 지구에 갓 나타난 초기 인류는 육식동물에게 쫓기며 살아가는 약하디약한 존재였어요.

초기 인류는 아프리카 대륙의 숲에 살던 원숭이에서 진화했다고 해요. 이 원숭이들은 지각 변동과 기후 변화로 숲이 사라지면서 먹이와 살 곳을 잃었어요. 살아남으려면 온갖 지혜를 짜내야 했지요. 인류는 바로 이런 과정에서 탄생했어요.

숲을 잃고 떠돌던 인류는 새로운 터전을 찾아냅니다. 그곳에는 외떡잎식물이자 '볏과'에 속하는 식물들이 먼저 자리 잡고 있었어요.

볏과에는 여러 식물이 있어요. 우리와 가장 가까운 식물로는 벼나 밀과 같은 작물을 들 수 있지요. 공원에 깔린 잔디, 길가에 자란 강아지풀도 볏과 식물이에요. 보통 풀밭 그림을 그리라고 하면 흔히 땅에서 뾰족뾰족 돋은 풀잎을 그리죠. 이런 풀들도 볏과 식물입니다.

볏과 식물은 외떡잎식물 중에서도 특히 더 진화한 무리로 알려져 있어요. 생물은 안락한 환경보다 척박한 환경에서 잘 진화한다고 합니다. 진화에 실패하면 살아남지 못하기 때문이지요. 비가 적게 내리고 메마른 초원에서는 식물이 잘 살지 못해요. 볏과 식물은 초원에서 끝까지 버티다가 진화에 성공한 식물입니다.

벗과 식물의 진화

벗과 식물은 바람으로 꽃가루를 퍼트린다는 특징이 있어요. 앞에서 초기 식물인 겉씨식물이 바람에 꽃가루를 실어 날렸다고 했죠? 겉씨식물이 진화하면서 등장한 속씨식물은 아주 획기적인 방법을 써요. 바로 곤충의 힘으로 꽃가루를 옮기는 것이죠.

하지만 메마르고 너른 초원에는 꽃가루를 날라줄 곤충이 많지 않았어요. 대신 바람이 아주 멀리까지 불어서 벗과 식물은 겉씨식물처럼 꽃가루를 바람에 날리는 쪽으로 진화했지요.

식물이 바람에 날리는 꽃가루는 알레르기를 일으키기도 해요. 노송나무와 삼나무 같은 겉씨식물과 벗과 식물이 주로 꽃가루를 퍼트리지요. 초기 식물인 겉씨식물과 가장 진화한 식물인 벗과 식물이 꽃가루 알레르기의 주범인 셈입니다. 반면 곤충이 꽃가루를 옮겨주는 식물들은 꽃가루를 마구 날려 보내지 않아요.

물이 귀하고 땅이 거친 초원에서는 모든 생물이 필사적

으로 살아갑니다. 숲과는 달리 먹을 만한 식물이 적어서 초식동물도 살아남기가 쉽지 않죠. 이런 생존 경쟁은 먹이가 되는 볏과 식물에게도 괴로운 일이에요. 초식동물이 식물을 닥치는 대로 먹어 치우니까요. 게다가 식물은 움직이지 못해요. 어딘가에 숨거나 멀리 달아날 수도 없어요. 여러분이 볏과 식물이라면 어떻게 자신을 보호할 수 있을까요?

초식동물과 벌이는 생존 경쟁

식물은 초식동물에게서 몸을 지키려고 가시나 독을 만들기도 해요. 가시와 독을 만들려면 물과 양분 같은 이른바 '자원'이 필요합니다. 하지만 볏과 식물이 살던 초원은 물과 양분이 적어서 어떤 식물이든 겨우겨우 살아가는 곳이었어요. 이런 환경이니 가시와 독을 만드는 데 자원을 다 써버리는 것은 도리어 손해겠지요.

그래서 볏과 식물은 몇 가지 작전을 세웠습니다. 먼저 몸을 거칠게 만들기로 했어요. 땅속에 많이 있는 '규소'라는 물질을 사용해서요. 바로 이 규소로 초식동물이 쉽게 먹을

서로 싸우면서 공존하다.

수 없도록 줄기와 잎을 질기고 억세게 만들었죠. 혹시 갈대나 억새 잎사귀에 손가락을 베여본 적이 있나요? 볏과 식물은 규소로 몸을 지키고 있어서 잎이 아주 빳빳해요.

하지만 초식동물도 가만히 있지 않았어요. 식물을 먹지 않으면 살아가지 못하니까요. 소와 말 같은 초식동물의 조상들은 '이빨'을 진화시켰어요. 볏과 식물의 거친 줄기와 잎을 씹어 먹을 수 있도록 아주 단단하게 말이죠.

볏과 식물은 다음 작전을 실행에 옮깁니다. 잎에 든 영양분을 확 줄여버렸지요. 아무 영양가도 없는 먹이를 굳이 찾아서 먹을 동물은 없겠죠?

우리는 여러 잎채소를 먹어요. 십자화과 식물인 양배추, 국화과 식물인 양상추, 명아줏과 식물인 시금치……. 하지만 볏과 식물은 거의 먹지 않습니다. 볏과 식물의 잎은 질기기만 하고 영양가가 별로 없거든요.

초식동물은 이번 문제도 극복해야 했어요. 영양분이 많은 식물부터 먹다 보면 언젠가 볏과 식물만 남을 테고, 볏과 식물을 먹지 못하면 굶어 죽을 테니까요. 과연 초식동물의 선택은?

초식동물의 진화

영양분이 적은 볏과 식물에서 양분을 얻어내려면 어떻게 진화해야 할까요? 이번 문제는 초식동물에게 아주 어려웠어요.

소에게 위가 4개 있다는 사실은 잘 알려져 있죠. '4개의 위', 이게 바로 솟과 동물이 선택한 해결책입니다. 소의 위에는 미생물이 많이 살고 있어요. 이 미생물이 작용하면 여러 영양분을 만들어낼 수 있어요. 소는 위 속 미생물에게 풀을 먹이며 키우고 있는 셈이죠.

말과 동물은 위는 하나지만 맹장이 아주 길어요. 맹장 안에는 미생물이 살고 있고요. 이 미생물로 볏과 식물을 분해해서 영양분을 섭취하지요.

소나 말 같은 동물은 영양가가 없는 풀만 먹는데도 몸집이 아주 큽니다. 미생물이 살 수 있도록 풀을 몸속에 잔뜩 저장해 두려면 덩치가 커다래야 하기 때문이에요.

볏과 식물의 획기적인 작전

볏과 식물은 세 번째 작전에 들어갑니다. 이번 진화는 매우 획기적이었어요. 줄기에 있는 생장점을 낮은 자리로 옮겨버렸거든요.

식물은 생장점이 보통 줄기 맨 위에 있어요. 생장점에서 세포가 분열하면서 식물이 자라거든요. 쑥쑥 크기에는 좋지만 초식동물이 줄기 끝부분을 먹어 버리면 생장점을 잃을 위험이 있어요. 그래서 볏과 식물은 줄기를 짧게 만들고 생장점이 밑동에 자리하도록 진화했어요. 성장하더라도 잎사귀만 위로 쭉쭉 올라가도록요.

잎이 뾰족뾰족한 키 작은 식물. 이것이 우리가 흔히 떠올리는 '풀'의 이미지입니다. 줄기 위로 잎을 길게 내고 밑동에 생장점을 두면 동물에게 잎사귀를 뜯어 먹히더라도 생장점은 보호할 수 있어요. 볏과 식물은 꽃을 피워 씨를 만들 때만 줄기를 쭉쭉 늘려서 이삭을 맺습니다.

볏과 식물이 진화하면 초식동물도 진화해요. 먹히지 않으려는 진화가 먹으려는 진화로 이어지죠. 먹히고 또 먹혀

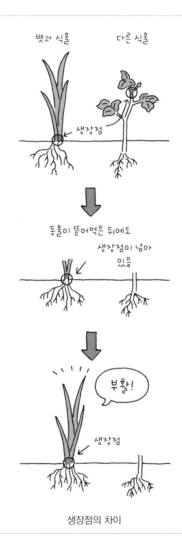

벼과 식물   다른 식물

생장점

동물이 뜯어먹은 뒤에도

생장점이 남아 있음

부활!

생장점

생장점의 차이

도 살아남도록 진화한 것이 지금의 볏과 식물입니다.

공원이나 운동장에 가면 '잔디'라는 풀을 볼 수 있어요. 잔디는 깎으면 깎을수록 잘 자랍니다. 잔디도 볏과 식물이에요.

잔디에게 몸이 깎이는 일은 동물에게 먹히는 것과 같아요. 깎고 깎아도 잔디의 생장점은 사라지지 않죠. 잔디밭을 깎으면 다른 식물은 사라지지만 잔디는 오히려 밑동까지 햇빛을 받아 더 잘 자라요. 아무리 깎아도 금세 자라는 이유는 잔디가 '먹히고 먹혀도 자라나도록 진화'한 볏과 식물이기 때문입니다.

지혜로운 볏과 식물의 씨

이번에는 '밥'을 떠올려볼까요? 밥의 재료는 쌀이고, 쌀은 벼의 이삭이에요. 곧 벼의 '씨'이죠. 우리는 식물의 씨앗을 먹고 있는 셈입니다. 그러면 빵이나 파스타는 무엇으로 만들까요?

정답은 밀가루입니다. 밀가루는 밀이라는 식물의 씨를

갈아서 만든 가루예요. 빵과 파스타 역시 거슬러 올라가면 식물의 씨앗이지요.

벼와 밀은 볏과 식물이에요. 수많은 세상 식물 가운데 어째서 볏과 식물의 씨가 인류의 주요 식량이 되었을까요? 바로 볏과 식물의 씨에는 '포도당'이 풍부하기 때문입니다. 포도당은 인간이 살아갈 때 필요한 열량을 내는 에너지원으로 쓰이죠.

식물은 광합성을 해요. 광합성은 햇빛을 받아 양분을 만들어내는 과정이에요. 햇빛으로 전기를 만드는 태양열 발전과 비슷하지요. 광합성 과정을 식으로 쓰면 다음과 같아요.

'이산화 탄소 + 물 → 포도당 + 산소'

여기서 이산화 탄소와 물을 결합해주는 에너지가 바로 햇빛이에요. 광합성으로 만들어진 양분은 포도당에 저장돼요. 포도당은 빛에서 양분이 나온다는 점에서 '축전지'와 같아요. 축전지는 전기 에너지를 화학 에너지로 바꾸어 모았다가 전기로 되돌려 쓰는 장치랍니다. 곧 광합성은 햇빛 에너지를 모아 포도당을 만드는 작업이라고 할 수 있죠.

식물은 광합성을 거쳐 산소를 내뿜어요. 우리가 호흡할 때 꼭 필요한 산소가 식물에게는 포도당을 만들 때 나오는 부산물 같은 존재랍니다.

인간을 비롯한 동물은 호흡을 해요. 이때 말하는 호흡은 단순히 숨을 쉰다는 의미가 아니라, 산소를 흡수하고 이산화 탄소를 몸 밖으로 내보낸다는 뜻이에요. 식물 역시 호흡을 해요. 호흡 과정을 식으로 쓰면 다음과 같아요.

'포도당 + 산소 → 이산화 탄소 + 물'

어디서 본 듯한 식이죠? 맞아요, 식물의 호흡은 광합성과 정반대로 이루어져요. 광합성을 할 때는 햇빛 에너지가 필요하지만 호흡을 할 때는 거꾸로 에너지가 나와요. 포도당이라는 축전지를 분해해서 살아가는 데 필요한 힘을 얻는 거죠. 포도당은 식물이 만들 수 있는 가장 쉽고 간단한 에너지원입니다.

식물의 씨앗은 주로 녹말, 단백질, 지방으로 이루어져 있어요. 녹말은 포도당으로 구성되며 에너지원으로 쓰여요. 단백질은 식물의 몸을 이루는 물질이지요. 지방은 녹말보다 큰 에너지를 내는 에너지원이에요. 휘발유를 넣은 자동차가 도로를 달리고 등유를 넣은 난로에서 열이 나듯, 지방도 식물에 에너지를 만들어준답니다.

해바라기, 유채, 참깨 같은 식물의 씨에는 식용유를 만들 만큼 지방이 풍부해요. 해바라기가 싹이 나기가 무섭게 쑥쑥 자랄 수 있는 이유도 씨앗에 지방이 많은 덕분이지요. 유채와 참깨는 씨가 아주 조그마해요. 작은 씨에서 싹이 틀 수 있는 이유도 에너지를 많이 내는 지방이 들어 있기 때문이랍니다.

하지만 볏과 식물이 주로 사는 초원은 환경이 너무나 척박해서 예비 물질을 만들 여유가 없었어요. 그래서 가장 만들기 쉬운 물질인 녹말을 씨에 저장했고, 사람들이 이 씨앗을 먹게 된 거죠.

볏과 식물이 진화를 마치고 한참 뒤, 풀들이 자란 들판에 인류가 나타났어요. 하지만 초기 인류는 볏과 식물의 씨앗을 식량으로 삼지 못했어요. 볏과 식물은 이삭이 팰 때가 되면 초식동물이 먹지 못하도록 줄기를 쑥쑥 키워 낟알을 단번에 떨궈버립니다. 땅에 흩어진 이삭들을 하나씩 주워 먹기란 여간 힘든 일이 아니지요. 인류가 볏과 식물의 씨를 먹기까지는 시간이 좀 더 필요했어요.

농업의 탄생

식물은 급작스레 변이를 일으키곤 해요. 어쩌면 식물의 변이가 역사적인 대사건을 일으켰을지도 모릅니다. 예를 들면 이렇게 말이죠.

오래전 어느 날, 아무개가 우연히 신기한 밀을 봤어요. 이 밀에는 다른 것과는 달리 잘 여문 이삭이 고스란히 남아 있었어요. 엄청난 발견이었지요. 이삭이 흩어지지 않고 붙어 있으면 밀알을 그대로 먹을 수 있으니까요. 먹지 않고 땅에 심으면 밀을 늘릴 수도 있겠죠. 이 밀알에서 자란 밀은 이삭이 안 떨어질지도 모르고요. 아마도 인류의 밀 재배는 이렇게 시작됐을 겁니다. 바야흐로 농업이 탄생한 순간이에요.

식물의 씨에는 놀라운 특징이 있어요. 바로 '모을 수 있다'는 점입니다. 머나먼 옛날, 냉장 시설이 없을 때는 사냥한 동물 고기나 거두어들인 열매를 저장하지 못했어요. 보존이 어려우니 그냥 두고 썩혀야 했죠. 먹는 데도 한계가 있어 독차지할 방법이 없었어요. 하지만 씨는 좀 달랐어요. 땅에 묻어두기만 해도 되는 데다가 쉽사리 썩지도 않았어요. 얼마든지 모아둘 수 있었죠.

이런 사실이 알려지자 씨를 많이 가진 자와 그렇지 못한 자 사이에 빈부 격차가 생겨났어요. 사람들은 씨를 더 많이 차지할 마음에 물을 끌어다 대고 논과 밭을 일구면서 곡물을 재배하기 시작했지요.

옛사람들은 씨를 잔뜩 모아서 물물 교환에 썼을지도 몰라요. 아마도 지금의 돈처럼 썼을 겁니다. 혹시 세계 4대 문명이라는 말을 들어본 적이 있나요? 네, 메소포타미아 문명, 인더스 문명, 이집트 문명, 황허 문명이죠. 이런 고대 문명은 인류가 밀을 재배하면서 생겨났다고 해요.

벼의 진화

벼는 볏과 식물에 속해요. 벼 이삭은 쌀이고요. 벼는 물을 댄 논에서 키워야 해요. 본디 축축한 땅에서 자라던 식물이거든요. 여기서 잠깐. 뭔가 좀 이상하지 않나요? 앞에서 벗과 식물은 메마르고 너른 초원에서 살며 진화했다고 했죠. 그런데 벼는 왜 습지에서 자라게 되었을까요?

실은 다 이유가 있답니다. 벗과 식물은 줄기를 키우지 않고 생장점을 낮은 곳으로 옮기며 진화했어요. 이러한 진화는 습지에서 사는 데도 매우 유리했어요. 수영장에서 잠수할 때를 떠올려보세요. 조금만 있어도 숨이 막히죠. 물속에서는 산소를 마음대로 마실 수가 없기 때문이에요. 식물도 물에 녹은 산소는 마시지 못해요. 하지만 물 밑에 뿌리를 내리고 살아가려면 산소가 꼭 필요합니다.

앞에서 벗과 식물은 줄기가 짧다고 설명했죠? 잎과 뿌리 사이가 좁으면 잎에서 빨아들인 산소를 금세 뿌리로 옮길 수 있어요. 물속에서 밖으로 관을 연결해 숨을 쉬는 도구인 '스노클'을 쓰듯이 말이죠.

이처럼 벗과 식물은 메마른 초원에서 진화를 거듭하다가 축축한 습지로도 진출하게 되었어요. 습지에 적응한 벗과 식물은 여럿 있는데 그 가운데 하나가 벼랍니다.

중국에서는 북쪽을 흐르는 황허강 주변에 황허 문명이,

남쪽을 흐르는 양쯔강 주변에 양쯔강 문명이 각각 발달했어요. 황허 문명은 메소포타미아 문명권에서 '밀'이 전해지면서 생겨났지만 양쯔강 문명은 '벼'로 시작됐다고 해요.

벼는 고개를 숙일 만큼 이삭이 여물어도 낟알이 땅에 떨어지지 않아요. 앞서 본 밀처럼, 씨를 떨구지 않는 돌연변이 벼가 발견되면서 사람이 재배하기 시작했다고 하고요. 바로 이 벼가 청동기 시대에 한반도로 건너오면서 농경 사회가 열리고 우리나라 최초의 국가인 고조선이 탄생합니다.

여섯 번째 이야기

정말로 강자만이 살아남을까?

옛것이 좋을 때도 있다

오래된 물건을 새것처럼 만들려면 여러 번 다듬고 고쳐야 해요. 그런데도 옛것이 새것보다 나을 때가 있을까요?

요즘에는 컴퓨터나 스마트폰으로 전자 메일을 주고받아요. 옛날에는 편지를 종이에 손수 썼어요. 보내는 이의 마음이 담겨 있어서 받으면 기분이 절로 좋아지죠. 예전 증기 기관차는 석탄을 때서 달렸어요. 요즘 고속 철도와 비교하면 속도도 쾌적함도 한참 뒤떨어지죠. 하지만 느긋하게 여행 기분을 낼 수 있어서 아주 인기가 좋았지요.

옛날에는 밥을 지을 때 부뚜막에 솥을 걸고 아궁이에 불을 땠어요. 오래된 방법이지만 자연재해로 전기나 가스가 끊겨도 밥을 지을 수 있지요. 게다가 솥으로 지은 밥은 풍미가 좋아서 전기밥솥을 개발하는 회사에서는 '솥밥' 맛을 목표로 한다고 해요. 이처럼 옛것이 새것보다 나은 점은 많이 있어요. 식물도 크게 다르지 않답니다.

이쯤에서 식물이 진화해온 과정을 한번 복습해볼까요?

처음에 겉씨식물이 생겨납니다. 이어 밑씨를 씨방으로 감싸서 지키는 속씨식물이 태어나죠. 이때부터 식물을 크게 겉씨식물과 속씨식물로 가릅니다. 이윽고 속씨식물에서 속도를 중시하는 외떡잎식물이 탄생합니다. 속씨식물은 외떡잎식물과 쌍떡잎식물로 나뉘어요. 외떡잎식물은 모두 풀이고 속도를 우선시해요. 쌍떡잎식물은 다양한 갈래로 진화하면서 나무로 자라는 목본식물과 풀로 자라는 초본식물로 갈라집니다.

겉씨식물은 땅 위에 진출한 씨앗식물 중에서 가장 오래되었어요. 무려 공룡 시대부터 살아왔으니까요. 대부분 멸종했다고 알려졌지만 공룡처럼 아예 사라지진 않았어요. 소나무와 삼나무 같은 식물은 아직도 살아 있거든요. 어떻게 오랫동안 살아남을 수 있었을까요?

옛것 vs. 새것

'옛것'인 겉씨식물에 비하면 '새것' 속씨식물은 극적으로 진화한 식물이에요. 앞서 다뤘듯, 속씨식물은 밑씨를 씨방 속에 넣어 보호하도록 진화했어요. 그저 밑씨만 감쌌을 뿐인데, 속씨식물은 이전에 없던 속도로 빠르게 진화했어요. 또 '꽃'이라는 수단도 발달시켰죠.

속씨식물이 진화시킨 건 이뿐만이 아니에요. '물관'도 빼놓을 수 없지요. 물관은 뿌리에서 빨아올린 물과 양분을 아래에서 위로 나르는 기능을 해요. 이와 달리 '체관'은 잎에서 만든 영양분을 식물 몸 안으로 운반해요. 인간 몸에 있는 혈관과 비슷한 역할을 하죠.

물관과 체관을 합쳐서 '관다발'이라고 해요. 관다발은 다른 말로 '유관속維管束'이라고 합니다. '섬유로 이루어진 관다발'이라는 뜻이지요.

관다발은 첫 번째 이야기(15쪽)에서 잠깐 소개했는데 혹시 기억하나요? 쌍떡잎식물은 관다발이 고리 모양으로 가지런히 나 있어요. 이렇게 동그랗게 자리 잡은 관다발을 부름켜(형성층)라고 해요. 한편 외떡잎식물은 모양보다는 속도를 중시해서 관다발이 여기저기 흩어져 있지요.

관다발에서 물관은 체관보다 안쪽에 있어요. 식물에게는 양분보다 물이 더 중요하니 안쪽에 물 통로를 둔 거죠. 또 물관은 이미 죽은 세포들로 이루어져 있어요. 나무가 자라면서 만드는 나이테를 보면 알 수 있듯, 식물은 조금씩 두터워지면서 성장합니다. 안쪽으로는 죽은 세포들이 켜켜이 쌓여 가지요. 식물에게 물관은 사람이 쓰는 수도관과 같아요. 물관-수도관. 어때요, 글자도 뜻도 비슷하죠?

이처럼 속씨식물은 줄기 속에 수도관 같은 통로를 내서 물을 운반합니다. 반대로 겉씨식물은 물관 대신에 '헛물관'이라는 통로로 물을 옮겨요. '헛'이라는 말은 '이유나 보람이 없다'라는 뜻의 접두사이니 헛물관은 물관보다 오래된 조직이라고 볼 수 있죠. 헛물관은 세포와 세포 사이에난 작은 틈새를 따라 물을 보내요. 물이 든 양동이를 건네고 이어받는 이른바 '릴레이' 방식으로 물을 운반하죠.

속씨식물이 개발한 '새것' 물관에 비교하면 헛물관은 효율이 낮은 '헌것'입니다. 그런데 재미있게도 헛물관이 물관보다 뛰어난 부분이 있다고 해요. 헛물관의 장점은 과연 무엇일까요?

새로운 조직의 단점

물관은 헛물관보다 진화한 조직이지만 단점이 하나 있어요. 물이 얼면 문제가 생긴다는 점이죠.

여러분은 물이 얼음이 되면 부피가 어떻게 바뀌는지 알고 있나요? 물질은 대개 더워지면 부피가 커지고 추워지면 줄어듭니다. 물도 기본적으로는 다르지 않아요. 온도가 올라가면 팽창하고 내려가면 축소하죠. 그런데 물은 아주 특이한 성질이 있어요. 기온이 영하로 떨어져서 얼음이 되면 부피가 오히려 늘어나요. 겨울철 한파에 물이 얼어 수도관이 터지는 사고도 이런 까닭에 일어나죠.

식물의 물관은 터지지는 않지만 물관 속에 있는 물이 얼었다가 녹을 때 문제가 생겨요. 얼음에서 물로 돌아갈 때 부피가 줄어들면서 세포 사이에 틈이 생기거든요. 속씨식물은 평소에 물관 속에 있는 물 기둥으로 물을 빨아올려요. 이 물 기둥에 틈새가 벌어지면 물을 쭉쭉 끌어 올릴 수 없지요.

헛물관은 물관과 좀 달라요. 앞에서 헛물관은 '양동이 릴레이'를 하듯 물을 옮긴다고 했죠? 이 방식은 좀 더디기는 하지만 확실하게 물을 운반할 수 있어요. 이런 까닭에 겨울에 물이 꽁꽁 어는 추운 곳에서는 '옛것'인 겉씨식물이 속씨식물보다 살기에 유리하답니다.

혹시 '타이가'라는 말을 들어봤나요? 타이가는 시베리아나 캐나다 북부의 냉대 기후 지역에 있는 숲이에요. 주로 겉씨식물들로 이루어지죠.

일본 북부에도 타이가가 있어요. 홋카이도에 있는 분비나무와 가문비나무 숲이 대표적이죠. 이 나무들은 소나뭇과이자 겉씨식물이에요. 표고^{어떤 지점을 정하여 수직으로 잰 일정한 지대의 높이}가 높은 산에서 잘 자라는 눈잣나무도 겉씨식물이에요. 분비나무, 가문비나무, 눈잣나무 같은 겉씨식물은 잎에서 열이 빠져나가지 않도록 표면적을 줄여요. 잎이 바늘처럼 가늘고 뾰족한 이런 나무들을 '침엽수'라고 합니다. 겉씨식물은 비록 '옛것'일지는 몰라도, 자신의 장점을 살릴 수 있는 환경을 찾아 살아남는 데 성공한 식물이랍니다.

모든 식물은 자신에게 맞는 환경이 있다

속씨식물 가운데 가장 새로운 유형은 외떡잎식물이에요. 하지만 이 세상에는 외떡잎식물 말고도 많은 식물이 있죠. 우리 주변만 봐도 외떡잎식물과 쌍떡잎식물이 있어요. 풀도 있고 나무도 있죠. 소나무와 삼나무 같은 겉씨식물도 있고요. 여전히 옛 방식으로 살지만 멸종하지 않고 살아남은 생물도 적지 않아요.

이번에는 꽃을 볼까요? 구조가 복잡할수록 더 진화한 꽃이에요. 이런 꽃은 벌 같은 곤충을 불러 꽃가루를 옮깁니다. 하지만 구조가 단순한 꽃도 많아요. 반드시 새로워야 살아남는 건 아니랍니다.

새로운 식물은 새로운 방식에 맞는 환경에서 살아가요.

옛 식물은 옛 방식에 맞는 환경에서 살아가죠. 모든 식물은 각자 자신에게 맞는 환경이 있기에 살아갈 수 있답니다. 다만 옛 방식으로 살아가더라도 지금 모습은 처음과 좀 달라요. 장점은 살리고 단점은 버리면서 새로운 환경에 맞도록 진화해왔기 때문이죠. 겉씨식물이 먼저, 속씨식물이 나중이라는 순서는 있지만 식물들은 한결같이 '지금'에 맞추어 진화하고 있답니다.

식물에게 '강자'란 무엇일까?

자연계는 '약육강식' '적자생존'이라는 말로 대표되는 세계예요. 약한 자는 사라지고 강한 자만이 살아남는 곳이죠. 틀린 말은 아니에요. 자연계에서 살아남으려면 치열하게 경쟁해야 하거든요. 우리 인간 세계처럼 법, 규칙, 도덕 따위가 있을 리도 없고요. 자연계란 뭐가 됐든 살아남으면 그만인, 냉정한 세상입니다.

식물계는 어떨까요? 여기서도 강자만이 살아남을까요? 그렇다면 지구에 남은 식물은 최종 승자 몇 종류뿐일 거예요. 하지만 이 세상에는 아주 다양한 식물이 있죠. 식물에게 '강자'란 과연 무엇일까요?

식물이 사는 세상에는 여러 '강자'가 존재해요. 이웃한 식물보다 잎과 가지를 더 많이 뻗어 빛을 빼앗는 강자, 물이 없는 곳에서 묵묵히 버텨내는 강자, 홍수에 쓸려가도 다시금 싹을 틔우는 강자……

여러분이 생각하는 '강자'는 무엇인가요? 공부를 잘하는 친구, 달리기가 빠른 친구, 싸움에서 늘 이기는 친구, 모두 '강자'라고 할 수 있겠죠. 그러나 식물계 속 강자는 한마디로 나타낼 수 없어요. 강자도, 승부를 내는 방법도 무궁무진하게 많거든요. 세상 꽃들이 모두 다른 색깔로 피어나듯, 식물들은 저마다 다른 방식으로 살아가고 있답니다.

약자는 사라지고 강자만 살아남는다는 사실은 누구도 바꿀 수 없는 자연계의 철칙이에요. 하지만 이 냉정한 세계에서도 다음 두 가지를 중시한 식물은 강자로서 살아남았어요. 바로 '다양성'과 '개성'이지요. '다양한 개성'이 모이면 세상이 하나 만들어집니다. 진화하고 또 진화한 끝에, 식물들은 세상을 하나 일궈낸 것입니다.

마지막 이야기

식물에게 중요한 것

잡초 기르기는 쉬울까 어려울까

여러분은 잡초를 키워본 적이 있나요? 아마도 없을 겁니다. 저야 식물 연구가 일이니 잡초를 키우지만요.

그런데 그거 아세요? 잡초 키우기는 생각보다 무척 어렵답니다. 얼핏 잡초는 알아서 쑥쑥 자라고 크는 풀 같죠. 잘 자라는 건 맞지만 막상 해보면 마음대로 커주지 않아요.

먼저, 잡초는 씨를 뿌려도 좀처럼 싹이 나지 않습니다. 채소나 꽃은 씨앗을 심고 물을 주면 싹이 트죠. 그런데 잡초는 물을 줘도 싹이 나오지 않아요. 채소와 꽃을 키울 때는 싹 트기 좋은 시기에 사람이 씨앗을 뿌립니다. 당연히 사람이 가늠한 대로 싹이 나오겠죠. 이와 달리 잡초는 싹 틀 시기를 스스로 정해요. 그게 언제인지 우리는 알 수 없습니다.

겨우 새순이 돋았다 해도 이제부터가 시작입니다. 채소와 꽃 씨앗은 한꺼번에 싹이 나와요. 반면 잡초는 싹 트는 때가 저마다 다르죠. 같은 종류인데도 어떤 씨는 새싹이 바로 트고, 어떤 씨는 한참 걸려요. 한동안 잊었다가 보면 싹이 나와 있거나 끝끝내 잠에서 깨지 않는 씨앗도 있죠. 잡초는 대체 왜 이렇게 제멋대로일까요?

빠른둥이 vs. 느린둥이

혹시 '도꼬마리'라는 식물을 아나요? 도꼬마리는 열매에 뾰족한 가시가 잔뜩 나 있어서 옷에 달라붙어요. 열매를 던지거나 옷에 붙였다 떼며 놀아본 사람도 있을 거예요.

도꼬마리 열매를 반으로 쪼개면 안에서 씨앗이 두 개 나

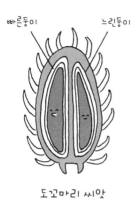

도꼬마리 씨앗

성격이 서로 다른 쌍둥이 씨앗

와요. 하나는 곧장 싹을 틔우는 '빠른둥이' 씨앗, 나머지 하나는 느지막이 싹을 틔우는 '느린둥이' 씨앗이에요. 이 둘 가운데 어느 씨앗이 더 뛰어날까요?

사실 답은 없어요. 싹을 빨리 내야 좋을지, 늦게 내야 좋을지는 때와 장소에 따라 다르거든요. 경쟁이 중요한 자연계에서는 보통 싹을 먼저 내야 좋을 듯하죠. 하지만 싹을 냈을 때의 환경이 식물이 자라기에 좋을지 나쁠지는 아무도 몰라요. 이럴 때는 싹을 신중하게 내는 편이 낫겠지요.

이처럼 속도로 나음과 못함을 가릴 수는 없어요. 그래서 도꼬마리에게는 빠른둥이와 느린둥이가 둘 다 있어야 하죠. 자연에서는 누가 더 낫고 옳은지를 판가름하기 어려워요. 이런 세상에서는 '다양성'이 무엇보다 중요합니다.

'개성'은 전략

혹시 '생물 다양성'이라는 말을 들어본 적이 있나요? 생물 다양성은 지구에 있는 생명 전체를 뜻해요. '다양성'이라는 말은 종류가 여럿일 때만 쓸 수 있어요. 수가 아무리 많아도 종류가 하나이면 쓰지 못하죠.

'생물 다양성'은 같은 종류인데 저마다 성질이 다른 경우도 포함해요. 도꼬마리 씨앗에 빠른둥이와 느린둥이가 있는 것처럼요.

생물 다양성은 다음과 같이 나뉩니다. 생물 종류가 여럿이면 '종 다양성'이라고 해요. 종류는 같지만 성질이 서로 다르면 '유전적 다양성'이라고 하고요. 이 유전적 다양성이 우리 인간계에서는 '개성'으로 나타난다고 합니다.

민들레에는 개성이 없다?

식물에게도 개성이 중요해요. 다만 좀 헷갈릴 때가 있어요. 이를테면 민들레는 꽃이 모두 노란색입니다. 보랏빛 민들레나 붉은빛 민들레는 세상에 없죠. 꽃 색깔에 개성이 전혀 없어요. 도대체 왜 그럴까요?

민들레는 꽃가루를 옮길 때 등에를 주로 부릅니다. 벌은 뛰어난 동료지만 꽃에 꿀이 적으면 오지 않아요. 등에를 부르는 편이 손쉽고 꿀도 적게 들지요. 등에는 노란색 꽃에 모이는 성질이 있어요. 그러니 민들레꽃에는 노란색이 제일이죠. 이처럼 정답을 알 때는 일부러 선택지를 여럿 둘 필요가 없답니다.

반면 민들레는 싹 트는 시기가 제각각이에요. 잎이 저마다 다르게 생겼고 싹 크기도 가지각색이에요. 정답을 모를 때는 민들레도 개성을 중요하게 여기죠. '개성'은 생물들이 살아남기 위해 짜낸 '전략'이에요. 저마다 다른 데는 다 까닭이 있답니다.

개성은 쓰이기 위해 있다

이제 우리 인간을 살펴볼까요? 우선 얼굴에 눈이 두 개 있어요. 인간에게는 눈이 둘 있을 때가 가장 좋기 때문이죠. 당연하다고요? 알고 보면 그렇지도 않답니다. 이를테면 곤충은 보통 겹눈이 두 개, 홑눈이 세 개예요. 눈이 다섯 개나 있죠.

아득한 옛날 고생대에는 눈이 다섯 개인 생물도 있었고 하나인 생물도 있었어요. 현대에 사는 우리 인간은 눈이 두 개죠. 눈 개수에서는 개성을 추구하지 않아도 되도록 진화해온 것이죠.

하지만 얼굴은 모두 다르게 생겼어요. 이 세상에 완전히 똑같게 생긴 사람은 없죠. 성격도, 장단점도 사람마다 가지각색입니다. 생물은 쓸모가 있을 때만 개성을 지녀요. 사람마다 성격과 특징이 다른 까닭은 '개성'이 인간이라는 생물종에게 반드시 있어야 하기 때문이에요.

세상에는 여러분의 개성을 '좋다' '나쁘다'로 가르는 사람이 있어요. 개성에 정답과 오답이 있는 것처럼 구는 사람도 있고 누구에게나 같은 잣대를 들이대는 사람도 있을 거예요. 하지만 기나긴 진화사에서 봐왔듯, 무엇이 옳고 뛰어난지는 사실 아무도 몰라요. 그래서 식물은 저마다 다른 개성을 만들어왔습니다.

우리 인간도 마찬가지예요. 모두 모두 다르죠. 그리고 여러분에게는 자신만의 개성이 반드시 있을 거예요.

우리는 왜 공부를 할까요? 한번 곰곰이 생각해본 적이 있나요?

여러분 중에는 등산을 좋아하는 사람이 있을 겁니다. 산에 오르는 일은 쉽지만은 않지요. 하지만 오르면 오를수록 보이는 풍경이 달라져요. 우리 학교와 집이 보이거나 건너편 마을까지 내다보이기도 하죠. 높이 오르면 더 넓은 풍경이 눈에 들어옵니다. 저 멀리 푸른 바다가, 맞은편 산등성이가 고운 자태를 드러낼 거예요. 이쯤 되면 마음이 벅찬 나머지 "야호!" 하고 소리까지 지르고 싶어지죠.

실은 공부도 다르지 않아요. 하면 할수록 한결 넓은 세상을 볼 수가 있죠. 우리가 사는 세상이 어떻게 돌아가는지도 조금씩 알게 됩니다. 멋진 풍경을 보기 전까지는 등산이 즐겁지만은 않을 거예요. 이렇게 힘든 일을 굳이 왜 해야 하는지 답답할 때도 있죠. 그래도 꾸준히, 끝까지 올라가 보세요.

여러분은 태어나서 쭉 한국어를 배웠을 겁니다. 우리가 텔레비전을 보거나 게임을 하거나 책을 읽을 수 있는 까닭은 모두 아기 때부터 우리말을 익혀 온 덕분이에요. 공부도 이와 비슷해요. 조금씩, 천천히 쌓아나가는 것이죠.

때로는 발을 헛디디거나 넘어지기도 할 거예요. 그래도 오르고 또 오르면 그야말로 환상적인 풍경이 여러분 앞에 펼쳐질 거예요. "야호!" 소리가 절로 나올 테고요. 맞아요, 공부도 똑같은 과정이랍니다.

세상은 참으로 아름답고 신비로운 곳이에요. 곳곳에 신기한 것들이 가득하죠. 어때요, 산을 오르며 마음껏 탐험해 보고 싶지 않나요? 이제 한 걸음만 내디디면 됩니다. 이미 여러분은 미지로 가득한 모험의 세계 앞에 서 있으니까요.

청소년을 위한 Q

식물의 신기한 진화

1판 1쇄 2024년 1월 15일

지 은 이 이나가키 히데히로
옮 긴 이 심수정

발 행 인 주정관
발 행 처 북스토리㈜
주　　소 서울특별시 마포구 양화로 7길 6-16
　　　　　 서교제일빌딩 201호
대표전화 02-332-5281
팩시밀리 02-332-5283
출판등록 1999년 8월 18일(제22-1610호)
홈페이지 www.ebookstory.co.kr
이 메 일 bookstory@naver.com

ISBN 979-11-5564-329-7 44480
　　　 979-11-5564-327-3 (세트)